AF631072

SITZUNGSBERICHTE DER SÄCHSISCHEN AKADEMIE
DER WISSENSCHAFTEN ZU LEIPZIG

Mathematisch-naturwissenschaftliche Klasse
Band 119 Heft 1

WERNER RIES

METHODEN UND ERKENNTNISSE DER ALTERNSFORSCHUNG

AKADEMIE-VERLAG BERLIN

1986

SITZUNGSBERICHTE DER SÄCHSISCHEN AKADEMIE DER WISSENSCHAFTEN ZU LEIPZIG

MATHEMATISCH-NATURWISSENSCHAFTLICHE KLASSE

Band 112

Heft 1 Prof. Dr. WALTER BREDNOW, Spiegel, Doppelspiegel und Spiegelungen – eine „wunderliche Symbolik" Goethes 1975. 28 Seiten – 4 Abbildungen – 8° – M 3,–

Heft 2 Prof. Dr. ARTHUR LÖSCHE, Über negative absolute Temperaturen. Eine Einführung 1976. 26 Seiten – 12 Abbildungen – 8° – M 4,–

Heft 3 Prof. Dr. med HERBERT JORDAN, Kurorttherapie: Prinzip und Probleme 1976. 31 Seiten – 10 Abbildungen – 1 Tabelle – 8° – M 4,50

Heft 4 Prof. Dr. FRIEDRICH WOLF / Dr. PETER FRÖHLICH, Zur Druckabhängigkeit von Ionenaustauschreaktionen 1977. 13 Seiten – 6 Abbildungen – 1 Tabelle – 8° – M 2,–

Heft 5 Prof. Dr. DIETRICH UHLMANN, Möglichkeiten und Grenzen einer Regenerierung geschädigter Ökosysteme 1977. 50 Seiten – 20 Abbildungen – 2 Tabellen – 8° – M 6,50

Heft 6 Prof. Dr. ERICH RAMMLER, Zwei Jahrzehnte Entwicklung des Einsatzes der Energieträger Kohle und Erdöl im Weltmaßstab 1977. 29 Seiten – 6 Abbildungen – 4 Tabellen – 8° – M 4,–

Heft 7 Prof. Dr. ULRICH FREIMUTH, Umweltprobleme in der Ernährung 1977. 32 Seiten – 3 Abbildungen – 4 Tabellen – 8° – M 4,–

Band 113

Heft 1 Prof. Dr. ERICH LANGE, Allgemeingültige Veranschaulichung des II. Hauptsatzes 1978. 22 Seiten – 10 grafische Darstellungen – 8° – M 4,–

Heft 2 Prof. Dr. HERBERT BECKERT, Bemerkungen zur Theorie der Stabilität 1977. 19 Seiten – 8° – M 2,50

Heft 3 Prof. Dr. sc. KLAUS DÖRTER, Probleme und Erfahrungen bei der Entwicklung einer intensiven landwirtschaftlichen Produktion im Landschaftsschutzgebiet des Harzes 1978. 20 Seiten – 6 Abbildungen, davon 4 farbige auf 2 Tafeln – 2 Tabellen – 8° – M 7,–

Heft 4 Prof. Dr. sc. med. HANS DRISCHEL, Elektromagnetische Felder und Lebewesen 1978. 31 Seiten – 14 Abbildungen – 2 Tabellen – 8° – M 5,–

Heft 5 Prof. Dr. MANFRED GERSCH, Wachstum und Wachstumsregulatoren der Krebse. Biologische Erkenntnisse und generelle Erwägungen 1979. 32 Seiten – 13 Abbildungen – 1 Tabelle – 8° – M 6,–

Heft 6 Prof. Dr. rer. nat. FRIEDRICH WOLF / Dr. rer. nat. URSULA KOCH, Über den Einfluß der chemischen Struktur von Dispersionsfarbstoffen auf deren Dispersionsstabilität 1979. 18 Seiten – 3 Abbildungen – 10 Tabellen – 8° – M 3,50

Heft 7 Prof. Dr. rer. nat. FRIEDRICH WOLF / Dr. rer. nat. WOLFGANG HEYER, Zur Sorption an Tetracalciumaluminathydroxysalzen 1980. 12 Seiten – 5 Abbildungen – 4 Tabellen – 8° – M 2,–

Band 114

Heft 1 Prof. Dr. HASSO ESSBACH, Morphologisches zur orthologischen und pathologischen Differenzierung und zum Anpassungs- und Abwehrvermögen der menschlichen Placenta 1980. 19 Seiten – 12 Abbildungen – 8° – M 4,–

Heft 2 Prof. Dr. med. WERNER RIES, Risikofaktoren des Alterns aus klinischer Sicht 1980. 19 Seiten – 9 Abbildungen, davon 1 Abbildung auf Tafel – 8° – M 4,–

Heft 3 Prof. Dr. OTT-HEINRICH KELLER, Anschaulichkeit und Eleganz beim Alexanderschen Dualitätssatz 1980. 19 Seiten – 8° – M 4,–

Heft 4 Prof. Dr. rer. nat. BENNO PATHIER, Die cytologische Symbiose am Beispiel der Biogenese von Zellorganellen 1981. 29 Seiten – 16 Abbildungen – 2 Tabellen – 8° – M 6,–

Heft 5 Prof. Dr. F. WOLF / Dr. S. ECKERT / Dr. M. WEISE / Dr. S. LINDAU, Untersuchungen zur Synthese und Anwendung bipolarer Ionenaustauschharze 1980. 12 Seiten – 6 Tabellen – 8° – M 2,–

Heft 6 Prof. Dr. med. HERBERT JORDAN, Balneobioklimatologie – Eine Zielstellung im Mensch-Umwelt Konzept 1981. 25 Seiten – 8 Abbildungen – 1 Tabelle – 8° – M 4,–

SITZUNGSBERICHTE DER SÄCHSISCHEN AKADEMIE
DER WISSENSCHAFTEN ZU LEIPZIG

Mathematisch-naturwissenschaftliche Klasse
Band 119 Heft 1

WERNER RIES

METHODEN UND ERKENNTNISSE DER ALTERNSFORSCHUNG

mit 20 Abbildungen

AKADEMIE-VERLAG BERLIN
1986

Vorgelegt in der öffentlichen Sitzung am 19. April 1985
Manuskript eingereicht am 14. Mai 1985
Druckfertig erklärt am 17. August 1986

ISBN 3-05-500095-1
ISSN 0371-327X

Erschienen im Akademie-Verlag Berlin, DDR - 1086 Berlin, Leipziger Straße 3–4
© Akademie-Verlag Berlin 1986
Lizenznummer: 202 · 100/241/86
Printed in the German Democratic Republic
Gesamtherstellung: VEB Druckhaus „Maxim Gorki", 7400 Altenburg
LSV 2305
Bestellnummer: 763 612 9 (2027/119/1)

00400

Dem Andenken meines Lehrers Max Bürger
zum 100. Geburtstag in Dankbarkeit gewidmet

Max Bürger
16. November 1885—5. Februar 1966

I.

Es ist überliefert, daß an der Schwelle des Jahres 1900 das heraufziehende 20. Saeculum als das Jahrhundert des Kindes und der Jugend begrüßt wurde. Ohne Zweifel hat diese Prophezeiung auch manche Erfüllung gefunden. Man denke nur an den beispiellosen Aufschwung des Sports nach der Wiedereinführung der Olympischen Spiele in Athen 1896 und die damit verbundenen Triumphe jugendlicher Sieger.

Mit einer anderen Entwicklung hatte man aber offenbar nicht gerechnet. Ebenfalls um die Jahrhundertwende setzte eine Zunahme der mittleren Lebenserwartung ein, wie man sie bis dahin noch nicht beobachtet hatte. Betrug diese Größe im Jahre 1900 im damaligen deutschen Reichsgebiet noch 49 Jahre, so stieg sie in den folgenden Dezennien sprunghaft an und liegt heute in der DDR für die Männer bei knapp 70 und für die Frauen bei 76 Jahren [42]. Die Zahlen sind mit denen in anderen entwickelten Staaten vergleichbar. Als Folge dieser Erscheinung kam es durch die ständige Zunahme des Anteils älterer Menschen zu schwerwiegenden Veränderungen in den demographischen Strukturen. So befinden sich in unserer Republik etwa 20% der Einwohner im gesetzlichen Rentenalter. Die Zunahme der mittleren Lebenserwartung hat somit die Wahrscheinlichkeit für viele Menschen erhöht, 80, 85 oder 90 Jahre alt zu werden. Aus dem Jahrhundert der Jugend ist im Sinne einer „graying world" ein Jahrhundert der Senioren geworden, wofür sich überzeugende Beispiele in einer Botschaft der „International Association of Gerontology" finden, die von dieser Dachorganisation der Gerontologen 1982 an die Weltkonferenz der UN in Wien gerichtet worden war [47].

Die Ursachen der demographischen Umwälzung sind bekannt. Sie liegen in der Herabsetzung der Säuglingssterblichkeit und der Niederkämpfung der großen Seuchen durch die Verbesserung der hygienischen Verhältnisse, nicht zuletzt aber auch in der Entdeckung neuartiger Heilmittel zur erfolgreichen Behandlung der Infektionskrankheiten.

II.

Es ist verständlich, daß auf die Veränderungen der Bevölkerungsstruktur die Medizin als erste Wissenschaft reagierte. Dabei konzentrierte sich ihr Interesse zunächst auf die Erkrankungen des höheren Lebensalters. So erschien 1909 ein „Lehrbuch der Greisenkrankheiten“ von Julius SCHWALBE und 1914 die Monographie „Die Krankheiten des höheren Lebensalters“ von Hermann SCHLESINGER. Als Meilenstein in der Serie solcher Arbeiten muß eine Publikation des in die USA emigrierten Wiener Arztes Ignaz Leo NASCHER erwähnt werden, der im Jahre 1909 den Begriff „Geriatrie“ (geriatrics) eingeführt hatte. Man versteht darunter die Altersheilkunde als eine medizinische Wissenschaft, die sinngemäß der Pädiatrie, der Kinderheilkunde, gegenübersteht. Der Medizinhistoriker ACKERKNECHT (1961) hat einmal davon gesprochen, daß die Geriatrie im Unterschied zu anderen Spezialitäten nicht als Kind wichtiger Entdeckungen in Erscheinung getreten sei, wie etwa die Ophthalmologie nach der Entdeckung des Augenspiegels, sondern als Resultat einer sozial-demographischen Zwangslage. Auf diese Überlegungen wird noch einmal einzugehen sein.

Die Beschäftigung mit dem Alter und seinen Krankheiten nahm in den ersten Jahrzehnten unseres Jahrhunderts einen großen Aufschwung. In verschiedenen europäischen Ländern, aber auch in Übersee, bildeten sich Arbeitsgruppen, deren Leiter in ihren Heimatländern heute als Pioniere des neuen Wissenschaftszweiges verehrt werden. Genannt seien der Italiener E. GREPPI, der Rumäne C. I. PARHON, der US-Amerikaner B. U. COWDRY und nicht zuletzt A. A. BOGOMOLEC in der Sowjetunion, um nur einige Namen anzuführen.

III.

Im Jahre 1926 erschien in Deutschland eine Arbeit des Internisten Max BÜRGER, damals Oberarzt an der Medizinischen Universitätsklinik in Kiel. Sie trug den etwas spröden Titel „Über den quantitativen Cholesterin- und Stickstoffgehalt des Knorpels in den verschiedenen Lebensaltern und seine Bedeutung in der Physiologie des Alterns“. Dieser Artikel erlangte historische Bedeutung, da er von einer neuartigen Konzeption ausging. Die BÜRGERschen Untersuchungen betrafen nicht nur ältere Menschen, sondern Individuen aller Altersstufen vom ersten bis zum siebenten Dezennium. Sie entsprachen somit der Vorstellung, daß das Altern nicht nur als ein Phänomen der höheren Lebensjahre zu betrachten sei, sondern den Menschen während seines ganzen Lebens begleite. Dieser Gedanke findet sich zwar in der erwähnten Arbeit noch nicht verbis expressis, reifte aber in den kommenden Jahrzehnten immer mehr aus.

BÜRGER setzte seine Studien mit der ihm eigenen Tatkraft fort. Im Jahre 1939 gründete er gemeinsam mit Emil ABDERHALDEN, dem damaligen Präsidenten der Deutschen Akademie der Naturforscher (Leopoldina), die „Zeitschrift für Altersforschung", das erste Journal auf der Erde, das sich ausschließlich mit den Problemen des Alters und seinen Krankheiten auseinandersetzte. Im Jahre 1947 erschien das Werk „Altern und Krankheit", das heute zu den Klassikern der internationalen Alternsforschung gerechnet werden muß [5]. In diesem Buch definierte BÜRGER das Altern als „jede irreversible Veränderung der lebenden Substanz als Funktion der Zeit" und charakterisierte den Prozeß des Alterns als „Leitmotiv in der Melodie des Lebens". Auf der Suche nach einem wissenschaftlich fundierten Begriff für das Altern prägte er 1956 das Wort „Biomorphose [6]". Es entstand in gemeinsamen Überlegungen mit dem Altphilologen Franz DORNSEIFF, und der Gedanke ist nicht abwegig, daß beide Wissenschaftler als Mitglieder der Sächsischen Akademie in deren Sitzungen sich über diese Wortschöpfung haben unterhalten mögen. Die Definition der Biomorphose lautete schließlich: „Strukturelle und funktionelle Wandlungen des Organismus von der Konzeption (Befruchtung) bis zum Tode". Weitere Erläuterungen des Begriffs finden sich an anderer Stelle [29]. Es ist folgerichtig, daß im Zuge dieser Entwicklung die „Zeitschrift für Altersforschung" anläßlich ihres Wiedererscheinens nach dem Krieg in „Zeitschrift für Alternsforschung" umbenannt wurde (1955).

Auf das Werk BÜRGERS wird später wieder einzugehen sein. Hier soll zunächst festgehalten werden, daß von den Ideen Max BÜRGERS eine Signalwirkung ausging, die sich nicht nur auf den deutschsprachigen Raum erstreckte, sondern auch andere Länder mehr und mehr beeinflußte. Sie betraf naturgemäß in erster Linie die medizinische Alternsforschung. Erst später kamen andere Wissensgebiete hinzu und führten zur Entwicklung der Querschnittsdisziplin Gerontologie, die sich heute in einer internationalen Dachgesellschaft, der „International Association of Gerontology", formiert hat. Der Begriff „Gerontologie" stammt übrigens von dem sowjetischen Forscher N. A. RYBNIKOW aus dem Jahre 1929.

IV.

Auf dem Gebiet der medizinischen Alternsforschung setzte nach dem 2. Weltkrieg eine wahre Flut von wissenschaftlichen Veröffentlichungen ein, die bis heute angehalten hat. Allein zwischen 1949 und 1961 sammelte N. W. SHOCK, Senior der US-amerikanischen Gerontologen, in einer Bibliographie über 33000 Publikationen. Im Mittelpunkt zahlloser Arbeiten stand die Frage nach dem „normalen" Altern und seinen Phänomenen. In mühevoller Kleinarbeit wurden praktisch alle Organe und Funktionen des menschlichen Organismus auf ihre Altersabhängigkeit untersucht. Die folgenden Beispiele sollen einige Ergebnisse demonstrieren, aber auch auf interpretatorische Probleme derartiger Studien aufmerksam machen.

So zeigt Abbildung 1 an Hand eines Sektionsmaterials das Verhalten des Herzgewichtes im Laufe des Lebens, zusammengestellt von LINZBACH (1972), einem namhaften Vertreter der pathologischen Anatomie. An der Exaktheit der

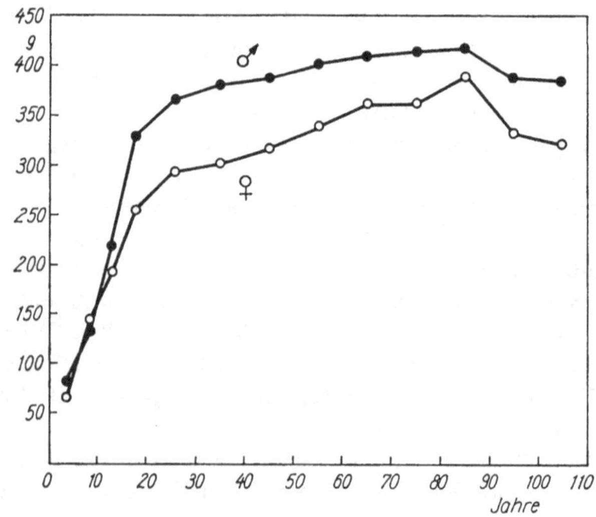

Abb. 1. Herzgewicht in Abhängigkeit von Alter und Geschlecht. Querschnittuntersuchung, Sektionsmaterial [21]

Ergebnisse ist nicht zu zweifeln, wohl aber stellte der Autor selbst schon die Frage, inwieweit es sich um „gesunde“, also „normale“ Alternsveränderungen handeln würde und wies auf das Niemandsland hin, das zwischen Gesundheit und Krankheit läge und im einzelnen schwer zu differenzieren sei.

Ähnliche Überlegungen müssen für funktionelle Alternsveränderungen angestellt werden. So wurde immer wieder eine Verminderung der Vitalkapazität, also der Lungenfaßkraft, mit zunehmenden Jahren beschrieben [24]. Aber auch bei der Betrachtung solcher Befunde tauchte die Frage auf, inwieweit Alternsveränderungen der Atmungsorgane und ihrer Funktionen als Alternswandlungen per se anzusehen wären, da sie durch pathologische Veränderungen hervorgerufen oder zumindest beeinflußt werden könnten. Man denke nur an die im höheren Lebensalter so häufige chronische Bronchitis.

Die meisten Studien über physische Alternsveränderungen ließen mehr oder weniger einen Abbau von Organen oder eine Verminderung von Funktionen erkennen. Eine Zusammenstellung solcher Befunde (Abb. 2) von STREHLER (1962) findet sich in zahlreichen Übersichten der gerontologischen Literatur und wird immer wieder als Beweis für menschliche Alternsveränderungen im Sinne eines „Defizits" interpretiert. Es konnte nicht ausbleiben, daß sich kritische Stimmen mehrten, die an der Aussagekraft solcher Befunde zu zweifeln

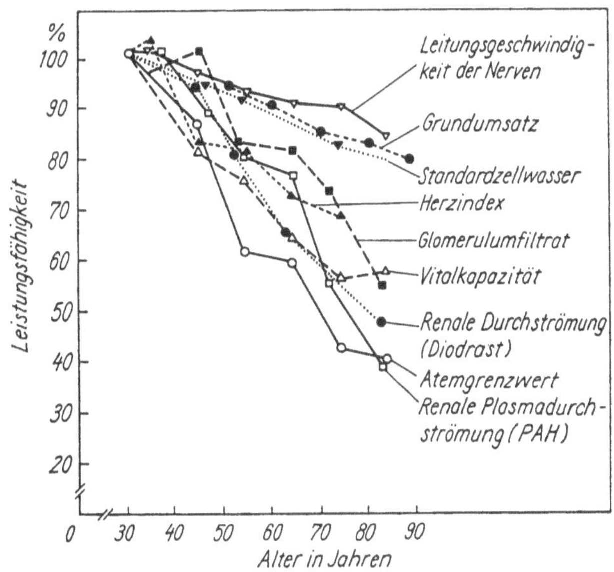

Abb. 2. Altersabhängigkeit biologischer Funktionen. Querschnittuntersuchungen [43]

begannen. Die Einwände betrafen vier Gesichtspunkte:

1. Die zahlreichen Kurven über „Mittelwerte in der Altersabhängigkeit" lassen keine Entscheidung darüber zu, ob es sich um „Normwerte" oder um krankhafte Veränderungen handelt. Ein bekanntes Beispiel für entsprechende Fehldeutungen ist der Blutdruck, der bei Mittelwertanalysen „mit dem Alter ansteigt" (Abb. 3). Legt man aber für jüngere und ältere Personengruppen Verteilungskurven an, dann zeigt sich, daß mit zunehmenden Jahren die Streuung immer größer wird (Abb. 4). Das heißt aber nichts anderes, als daß in den höheren Altersstufen mehr Personen mit einem Hochdruck erfaßt werden als in der Jugend [25]. Es ist verständlich, daß Fehldeutungen dieser Art den Krankheitswert mancher Befunde verschleiert haben in der Annahme, daß es sich um „normale" Alternserscheinungen handeln würde. Es sei an dieser Stelle eingefügt, daß man sich in der

klinischen Alternsforschung in den letzten Jahren um die Ermittlung des biologischen Alters unter Einbeziehung normaler und krankhafter Befunde bemüht hat, um die schwierige Differenzierung zu umgehen. Hinweise darüber finden sich an anderer Stelle [30].

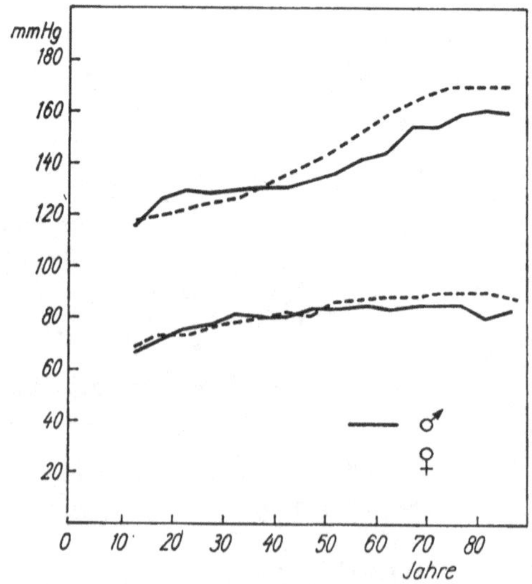

Abb. 3. Blutdruck in Abhängigkeit von Alter und Geschlecht. Querschnittuntersuchung, 34000 Einwohner Leipzigs [25]

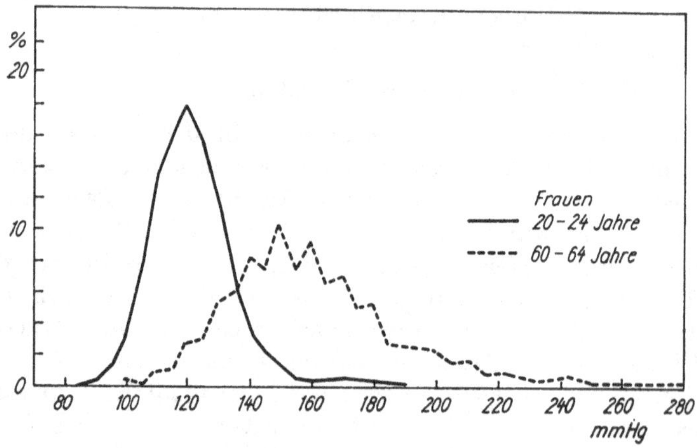

Abb. 4. Verteilungskurven von Blutdruckwerten bei altersunterschiedlichen Kollektiven [25]

2. Bei allen Betrachtungen über den Altersabbau von Organen und Funktionen hat man außer acht gelassen, daß partielle Rückgangserscheinungen durch Adaptationsmechanismen ausgeglichen werden können, für die der sowjetische Physiologe FROLKIS (1975) überzeugende Beispiele geliefert hat.
3. Die meisten Ergebnisse wurden mit Hilfe von „Querschnittanalysen" erhoben. Man versteht darunter den Vergleich von Mittelwerten bestimmter Befunde bei gleichzeitiger Untersuchung von Individuen verschiedener Altersgruppen. D. F. ČEBOTAREW, langjähriger Direktor des Instituts für Gerontologie der Sowjetischen Akademie der Medizinischen Wissenschaften in Kiew und Nestor der sowjetischen Gerontologen, machte mit Nachdruck darauf aufmerksam, daß bei einer solchen Technik Angehörige unterschiedlicher Generationen untersucht würden, die auf Grund ihrer persönlichen und sozialen Bedingungen überhaupt nicht miteinander vergleichbar wären [7].
4. Weitere Bedenken richteten sich gegen die Auswahl der Probanden, die nicht selten dem mehr oder weniger zufälligen Patientengut der jeweiligen Einrichtung entnommen wurden. So zeigt als Beispiel die Altersverteilung einer Spezialsprechstunde für Übergewichtige (Abb. 5) einen Frequenzgipfel im vierten Dezennium. Reihenuntersuchungen in Leipzig (Abb. 6) haben dagegen zum gleichen Zeitpunkt belegt, daß der Häufigkeitshöhepunkt erst nach dem 50. Lebensjahr eintritt [27]. Diese älteren Menschen kommen aber erfahrungsgemäß kaum noch in eine Adipositassprechstunde.

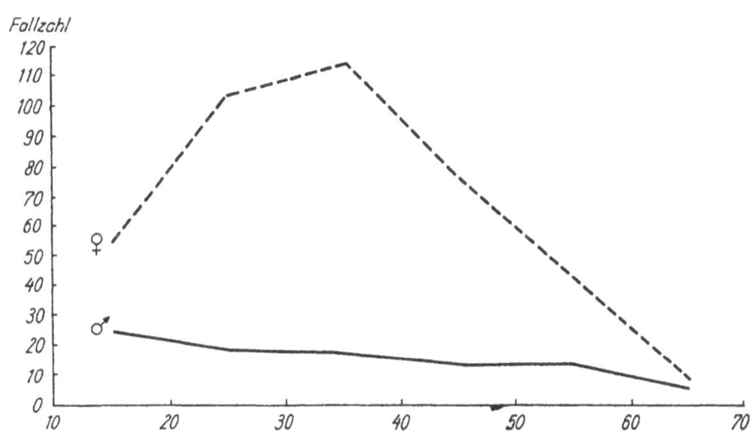

Abb. 5. 500 Patienten einer Adipositassprechstunde in Abhängigkeit von Alter und Geschlecht [27]

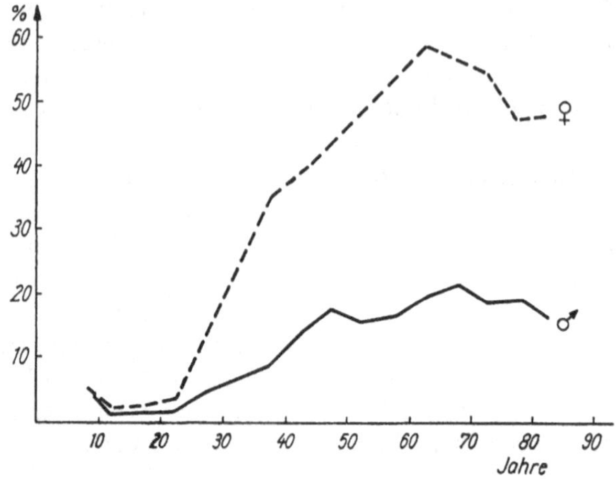

Abb. 6. Prozentualer Anteil Übergewichtiger nach Alter und Geschlecht, 34000 Einwohner Leipzigs [27]

V.

Aus den genannten Gründen ergab sich die Forderung nach besseren Untersuchungstechniken in der Alternsforschung. Entsprechende Anregungen kamen von einer neuen Forschungsrichtung, der psychologisch orientierten Gerontologie.

Die Entwicklungslinien dieses Wissenschaftszweiges hat Ursula LEHR in ihrem Werk „Psychologie des Alterns" (1. Aufl. 1972) eindrucksvoll dargestellt [19]. Besonders hervorzuheben ist an dieser Stelle die Tatsache, daß sich die Psychologie des Alterns etwa seit den fünfziger Jahren einer Methodologie bedient hat, die bis dahin in der medizinischen Alternsforschung praktisch unbekannt war, nämlich der Längsschnitt- oder Longitudinaluntersuchung. Man versteht darunter den Vergleich ausgewählter Parameter an identischen Individuen oder Kollektiven zu verschiedenen Zeitpunkten. Bemerkenswert ist weiterhin, daß die Psychologen in Übereinstimmung mit den Vorstellungen MAX BÜRGERS ihr Augenmerk auf die geistigen und seelischen Wandlungen während des ganzen Lebens konzentrierten. Das mag damit zusammenhängen, daß sich die Psychologie, besonders in früheren Jahren, mit den Alternsveränderungen in der Entwicklungs- und Wachstumsphase auseinandergesetzt hat und die Einbeziehung junger Menschen in die Alternsforschung keine gedanklichen Schwierigkeiten bereitete.

Natürlich bemühte man sich auch in der Psychologie um die Festlegung von sogenannten Normalwerten, z. B. in bezug auf Intelligenzleistungen. So hat man unter Anwendung von Querschnittmethoden drei in den USA entwickelte Intelligenztests auf ihre Altersabhängigkeit untersucht (Abb. 7). Es ist verständlich, daß diese Kurve auf Mißtrauen und Unbehagen stieß, selbst wenn man sie damit interpretierte, daß sich das Wissen der Jugend in die Weisheit des Alters ummünzen würde. Die Ergebnisse haben aber leider dazu beigetragen, daß man ein sogenanntes Defizit-Modell des Alterns entwickelte, das in manchen Ländern auch politische Dimensionen erreichte.

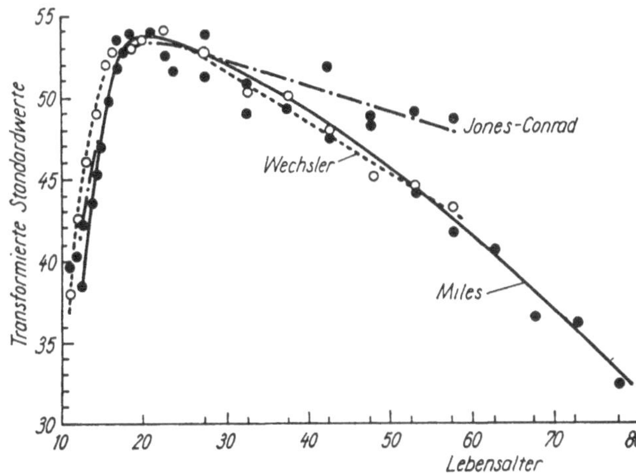

Abb. 7. Intelligenzleistungen in der Altersabhängigkeit. Querschnittuntersuchungen [14]

Aus der Vielzahl der psychologischen Längsschnittstudien sollen im folgenden einige Befunde demonstriert werden, die z. T. anläßlich des XXII. Internationalen Kongresses für Psychologie vorgetragen wurden, der 1980 in Leipzig, stattgefunden hat [23].

Mit dem Intelligenzwandel im Erwachsenenalter befaßte sich u. a. K. W. Schaie (1980). Der umstrittene Begriff „Intelligenz“ wurde von ihm wie folgt definiert: „Intelligenz ist keine Substanz, die man direkt messen kann, sondern ein summierendes Konzept, in dem verschiedene für das menschliche Verhalten wesentliche Dimensionen zusammengefaßt sind.“ Aus den Studien Schaies mit dem „Primary Mental Abilities Test“ sei ein Beispiel (Abb. 8) gebracht, das den gravierenden Unterschied ausweist, der sich zwischen Quer- und Längsschnittechnik für die im Test erfaßte Dimension „Raumvorstellung“ ergibt.

Weitere Befunde über Intelligenzleistungen wurden von RUDINGER (1983) vorgetragen, der sich auf Ergebnisse der 1965 in Bonn von H. THOMAE gestarteten Längsschnittstudie stützen konnte. Die Abbildung 9 zeigt, daß sowohl im Verbal- als auch im Handlungsteil des Hamburg-Wechsler-Intelligenz-

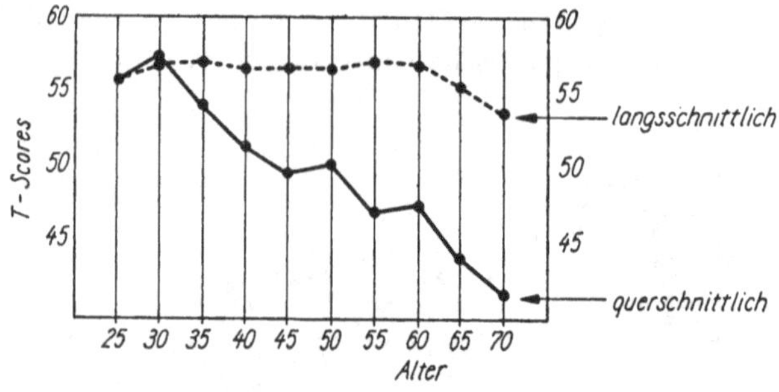

Abb. 8. Raumvorstellungs- (Space-) Test der Primary Mental Abilities. Altersabhängigkeit in Querschnitt und Längsschnitt [36]

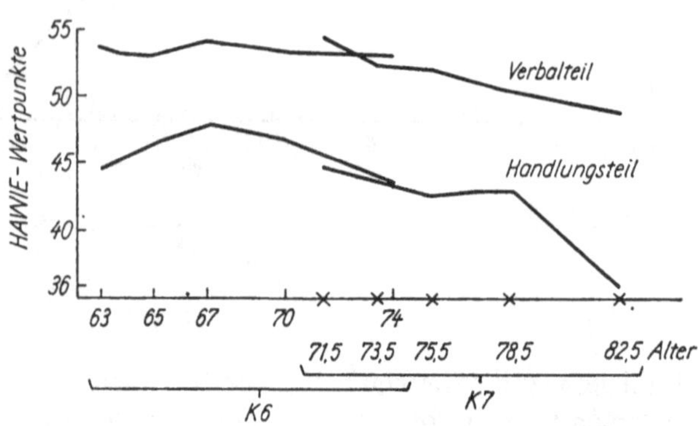

Abb. 9. Verbal- und Handlungsteil im Hamburg-Wechsler-Intelligenztest. Längsschnittuntersuchung [33]

tests eine entscheidende Veränderung erst nach dem 78. Lebensjahr eintrat. Dieser Befund deckt sich mit den Resultaten von SCHAIE (1968).

THOMAE (1979) hat selbst über die Alternswandlungen von Persönlichkeitseigenschaften, wie Aktivität, Stimmung, Anregbarkeit und Angepaßtheit, im Verlauf der Bonner Studie berichtet. Seine Befunde lassen für die Aktivität kaum einen nennenswerten Abfall in den höheren Lebensjahren bei den Probanden erkennen, welche die Studie in einem Durchschnittsalter von 63 Jahren begonnen hatten.

THOMAE (1978) hat in Übereinstimmung mit anderen Psychologen aus diesen und zahlreichen anderen Befunden folgende Erkenntnisse abgeleitet:

- Der Alternsprozeß selbst verändert nicht vordergründig die psychischen Eigenschaften.
- Wichtiger sind, zumindestens bis zum 70. Lebensjahr, Erziehung, Bildung, Familie, Training, soziale und ökonomische Verhältnisse und vor allem die Gesundheit.

Zusammenfassend muß auf Grund der psychologisch ausgerichteten Längsschnittstudien festgestellt werden, daß das Altern mehrdimensional determiniert und durch ein hohes Maß an inter- und intraindividueller Variabilität gekennzeichnet ist. Sind die 6jährigen Kinder einer Schulklasse noch einigermaßen vergleichbar, so muß jeder alte Mensch als eine ausgeprägte und unverwechselbare Individualität angesehen werden. Mit dieser Entwicklung ist aber prinzipiell kein psychisches Defizit verbunden. Das Altern ist als ein „differentieller" Prozeß zu betrachten, dem eine „normative" Alternsforschung nur bedingt gerecht werden kann.

VI.

Anläßlich des VII. Weltkongresses der Gerontologie, der 1966 in Wien stattfand, stand erstmals die Bedeutung der Longitudinaltechnik für die Alternsforschung im Mittelpunkt des Interesses einer solchen Tagung. Dabei wurden neben den Ergebnissen psychologisch orientierter Längsschnittstudien auch Befunde aus dem medizinischen Bereich vorgetragen. Viel Aufsehen erregten in den folgenden Jahren die Resultate der 1949 gestarteten Framingham-Studie [8].

In dieser nordamerikanischen Kleinstadt untersuchte man insgesamt 5127 gesunde Männer und Frauen im Alter von 30 bis 62 Jahren in zweijährigen Abständen. Die Analyse der Untersuchungsbefunde und Lebensgewohnheiten führte zur Erkennung von Risikofaktoren im Sinne eines „Infarktprofils". Als koronare Risikofaktoren wurden Bluthochdruck, Erhöhung bestimmter Blutfette, Übergewicht, Zuckerkrankheit, Steigerung der Blutharnsäure, körperliche Inaktivität, psychosensorische Stress-Situationen, familiäre Belastung und vor allem Nikotinabusus erkannt. Es ließ sich ferner zeigen, daß durch das gleichzeitige Auftreten mehrerer dieser Noxen das Gesamtrisiko, an einer arteriosklerotischen Komplikation zu erkranken, erheblich gesteigert wurde. So war in der Framingham-Studie bei Probanden mit drei Risikofaktoren die Häufigkeit von koronaren Herzerkrankungen zehnmal höher als bei der Gruppe ohne Risikofaktoren.

In neueren Longitudinalstudien bemüht man sich um die Erfassung von Alternsveränderungen, indem man durch ein möglichst breit angelegtes Methodenspektrum auf bestimmte Erscheinungen gewissermaßen „wartet", um sie als „normal" oder „pathologisch" einstufen zu können. Solche Intentionen haben derartigen Längsschnittstudien die Bezeichnung „prospektive Untersuchungen" eingebracht.

Als Beispiel für Ergebnisse medizinisch orientierter Längsschnittstudien sei ein Befund gezeigt, der im Rahmen einer in Leipzig 1968 begonnenen Longitu-

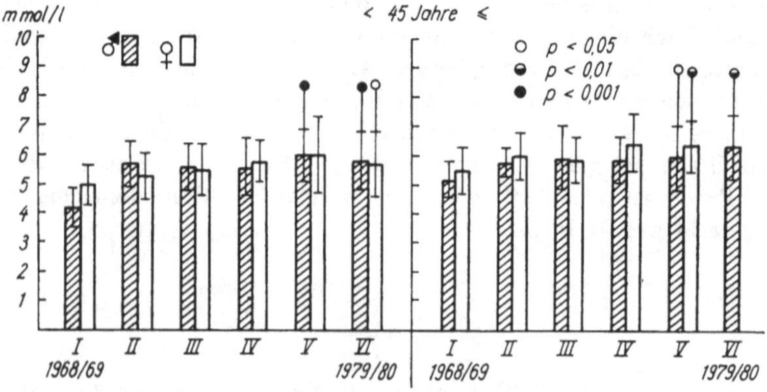

Abb. 10. Serumcholesterol in Abhängigkeit von Alter und Geschlecht bei zwei altersunterschiedlichen Kollektiven. Längsschnittuntersuchungen [31]

dinalstudie [31] erreicht wurde. Zu den Zielstellungen dieser Untersuchungsreihe, an der sich 12 Jahre lang verschiedene Kliniken und Institute des Bereichs Medizin beteiligt haben, gehörte u. a. die Frage nach dem Aussagewert von Alternsveränderungen.

In den mit der klassischen Querschnittmethodik durchgeführten Analysen über die Alternsveränderungen des Cholesterols im Blut wurde in der Literatur übereinstimmend eine Erhöhung dieser Größe mit zunehmendem Lebensalter beschrieben [44]. Auch in der Leipziger Längsschnittanalyse wurde sowohl bei einer jüngeren als auch bei einer älteren Personengruppe im Verlauf der Studie ein Altersanstieg festgestellt (Abb. 10), allerdings innerhalb der sogenannten Normgrenze. Ein Anstieg bestimmter Blutlipide gehört demnach offensichtlich zu den „normalen" Alternsveränderungen, ohne daß pathologische Werte erreicht werden [31].

Die medizinischen Longitudinalstudien haben demnach interessante Erkenntnisse über den Alternsprozeß gebracht. Trotzdem ist nicht zu übersehen, daß den sinnfälligen Vorzügen solcher Studien auch verschiedene Nachteile gegenüberstehen. Sie sind vor allem in dem sehr hohen Aufwand zu sehen. Dies gilt nicht nur für die Bereitstellung der finanziellen Mittel, sondern auch für die Organisationsformen. Benötigt wird ein fester Stamm von Mitarbeitern, der sich über längere Zeiträume einschließlich Vertretungen dem gemeinsamen Vorhaben verschreibt. Problematisch ist ferner die Auswahl der Methoden, die über Jahre hinweg einsatzfähig und vor allem aussagefähig sein müssen. Das vielleicht schwierigste Problem ist aber die Auswahl der Probanden. Da der Organisator einer Längsschnittstudie auf Freiwillige angewiesen ist, besteht die Gefahr der Selektion von Personen mit erhöhtem Gesundheitsbewußtsein oder der Bereitschaft zur gesunden Lebensweise. Durch Todesfälle einzelner Teilnehmer kann sich ferner die Zusammensetzung der Kohorten entscheidend verschieben. Darüber hinaus kommt es erfahrungsgemäß aus den verschiedensten Gründen zu Ausfällen. Die Rate dieser „drop-outs" kann sehr hoch liegen, wie auch die Bonner Längsschnittstudie gezeigt hat [33]. In Leipzig nahmen ursprünglich 517 Personen an der Untersuchungsserie teil, von denen im Laufe von 12 Jahren 58,6% ausschieden. Eine Befragung ergab bei 118 Personen für das Ausscheiden objektive Gründe, wie Wohnungswechsel, Krankheit, Todesfall, bei 185 Probanden hingegen subjektive Ursachen, wie z. B. Wegstrecken, anstrengende oder schmerzhafte Untersuchungen und nicht zuletzt Disharmonien mit Ärzten und Pflegepersonal.

VII.

Die bisherigen Ausführungen haben gezeigt, daß die Erfassung der lebenslangen Dynamik des Alterns mit Hilfe prospektiver Längsschnittstudien an die Grenzen der Durchführbarkeit stößt. Man hat deshalb in den letzten Jahren den Einsatz der biographischen Alternsforschung gefordert, um über die Lebensbeschreibung von Einzelpersonen oder Kollektiven zur Erkennung von Gesetzmäßigkeiten im Alternsprozeß zu gelangen [20].

Die Biographie kann nach Annelies Laschitza (1979) vom Genre her mannigfaltigen Ausdruck finden. Neben ihrer reichen Gestalt als Gesamtbiographie existiert sie als Skizze, Lebensbild, Porträt, Dokumentation, Teilstudie, Nekrolog in zahlreichen wissenschaftlichen und populärwissenschaftlichen Varianten. Sie beruht nicht zuletzt auf der Erkennung und Deutung bestimmter Ereignisse, Höhepunkte oder Werke. Ihr Einsatz in der Alternsforschung ist denkbar, um unter Berücksichtigung bestimmter Markierungen physische, psychische und soziale Entwicklungslinien zu verfolgen. Man kann die Biographie in diesem Sinne auch als retrospektive Longitudinalstudie bezeichnen.

Als Vorläufer einer gerontologisch orientierten biographischen Forschung ist das Werk „Der menschliche Lebenslauf als psychologisches Problem“ von Charlotte BÜHLER (1933) anzusehen. Wenn auch der von ihr gewählte Bezug auf ein biologisches Grundmodell umstritten ist, so enthält das Buch doch wertvolle Ansatzpunkte für die Erforschung von Alternsveränderungen. Dies gilt insbesondere für die Erfassung der Kreativität.

Untersuchungen über die Altersabhängigkeit kreativer Leistungen finden sich in der gerontologischen Literatur vergleichsweise selten, so daß entsprechende Analysen von großem Interesse sind.

Abb. 11

Der Ursprung des Begriffes „Kreativität“ aus dem Lateinischen ist bekannt, ob man nun creatio (Erwählung, Wahl), creator (Hervorbringer, Urheber, Erzeuger, Schöpfer) oder creatrix (Hervorbringerin, Hervorheberin, Mutter) zugrunde legen will. Kreativität wird verstanden als das individuelle oder kollektive Vermögen, Neues zu schaffen. Der Begriff ist identisch mit den deutschen Wörtern „Schöpferkraft“ oder „Schöpfertum“. Die Kreativität ist abhängig von zahlreichen Determinanten, die in Abbildung 11 zusammengestellt sind, ohne Anspruch auf Vollständigkeit zu erheben. Ausführliche Hinweise auf die logischen Gesetze, Eigenschaften und Strukturen des schöpferischen Denkens im Sinne der Kreativitätslogik finden sich bei LOESER und SCHULZE (1977). Die biographische Analyse der Kreativität auf der Grundlage von Werken wird als Bioergographie bezeichnet [2].

VIII.

Systematische Untersuchungen über die Beziehungen zwischen Altern und Kreativität liegen, wie bereits angedeutet, kaum vor. Zwar finden sich in manchen Werken Zusammenstellungen über große schöpferische Leistungen betagter Menschen, wie z. B. bei HERRE (1943), aber es stellt sich die Frage, ob es sich hierbei nicht um die berühmten Ausnahmen handelt, die die Regeln bestätigen. Mit Hilfe der Querschnittsuntersuchung hat DORLAND (1907/1908) das durchschnittliche schöpferische Alter in Wissenschaft und Kunst an Hand bekannter Beispiele errechnet. Es ergaben sich folgende Zahlen:

Chemiker, Physiker	41 Jahre
Dichter, Dramatiker	44 Jahre
Romanschriftsteller	46 Jahre
Komponisten	48 Jahre
Maler	50 Jahre
Ärzte	52 Jahre
Philosophen	54 Jahre
Mathematiker	56 Jahre
Historiker	57 Jahre
Juristen	58 Jahre
Naturforscher	58 Jahre

Es erschien uns sinnvoll, diese Durchschnittswerte durch gezielte bioergographische Analysen bei bestimmten Berufsgruppen zu präzisieren. Hierfür sollen einige Beispiele aus dem Bereich der Musik und der Medizin gebracht werden.

In der Literatur werden als Beweis für die Fähigkeit zu großen schöpferischen Leistungen immer wieder Komponisten angeführt, die mit ihren Spätwerken Unvergängliches vollbracht haben. Es fällt allerdings auf, daß im allgemeinen die gleichen Komponisten und die gleichen Werke zitiert werden. Als Paradebeispiel werden die beiden Oratorien „Die Schöpfung" und „Die Jahreszeiten" erwähnt, die Joseph HAYDN (1732—1809) im Alter von 67 und 69 Jahren komponiert hat. Nicht selten wird auch auf Giuseppe VERDI (1813—1901) verwiesen, der seinen „Falstaff" im Alter von 80 Jahren vollendet hat, wobei noch als besonders bemerkenswert ein „Stilwandel" hervorgehoben wird, der diese Oper eindeutig von den Werken der mittleren Jahre unterscheidet.

Eine altersbezogene Werkstatistik für Komponisten hat vor Jahren LEHMAN (1953) vorgelegt (Abb. 12). Die Befunde dieses Autors wurden in ihrer Aussagekraft allerdings in Zweifel gezogen [19], da sie auf dem Prinzip der Querschnittanalyse basierten und keine qualitativen oder differentiellen Entwicklungslinien erkennen ließen.

Es ist klar, daß einfache und quantitative Werkstatistiken für die Beantwortung der Frage nach der altersabhängigen kompositorischen Kreativität nicht ausreichen. Wir haben statt dessen eine altersbezogene Differenzierung der Werkarten angestrebt, ein Gesichtspunkt, der bisher weitgehend vernachlässigt worden war. Derartige Untersuchungen erfordern naturgemäß klare methodische Voraussetzungen. Zu diesem Zweck wurde in Anlehnung an Seeger (1966) ein Schema entworfen, das eine sinnvolle Aufgliederung der

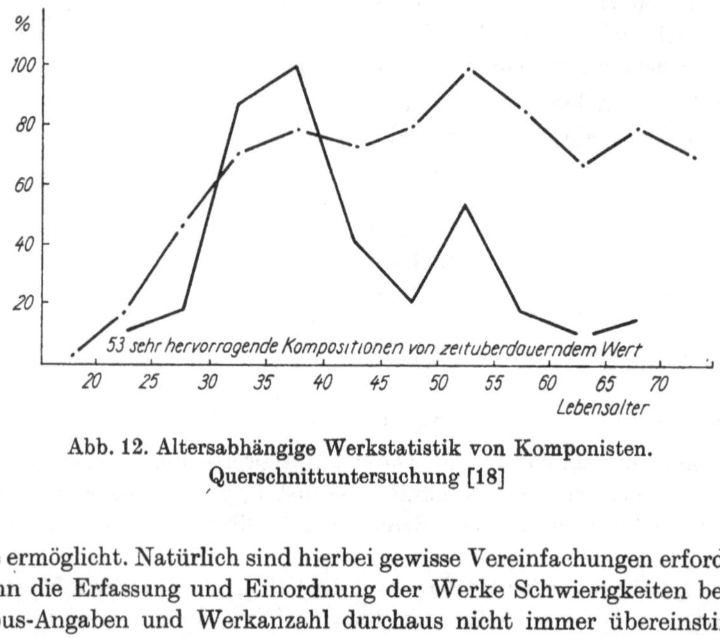

Abb. 12. Altersabhängige Werkstatistik von Komponisten. Querschnittuntersuchung [18]

Werke ermöglicht. Natürlich sind hierbei gewisse Vereinfachungen erforderlich. So kann die Erfassung und Einordnung der Werke Schwierigkeiten bereiten, da Opus-Angaben und Werkanzahl durchaus nicht immer übereinstimmen. Ferner differieren die Werke nach Umfang, Inhalt und Form erheblich, so daß ihnen nur mit Bedenken ein gleicher Rang eingeräumt werden kann. Auch muß man sich darum bemühen, den Zeitpunkt der Vollendung festzuhalten und nicht den Termin der Uraufführung. Trotz solcher Bedenken mögen zwei Beispiele die Brauchbarkeit und Anschaulichkeit einer biographischen Werkanalyse belegen [28].

Das Œuvre (Abb. 13) Ludwig van Beethovens (1770—1827) zeigt den frühen Beginn mit dem Liedschaffen, das ihn durch sein ganzes Leben begleitet. Gleiches gilt für das Klavier mit der Entstehung der bekanntesten Sonaten um das 30. Lebensjahr. Etwa zum gleichen Zeitpunkt betritt Beethoven die sinfonische Bühne, die er als 54jähriger mit der 9. Sinfonie wieder verläßt, deren Komposition sich bekanntlich über viele Jahre erstreckte. In die Mitte seines Lebens fallen auch die großen Konzerte der Soloinstrumente mit

Orchester, und im 35. Lebensjahr schreibt er seine einzige Oper, den „Fidelio". Bemerkenswert für unsere Fragestellung ist die Tatsache, daß er sich in späteren Lebensjahren anderen Schaffensgebieten zuwendet, wobei eine Abkehr von monumentalen mit einer Hinwendung zu einfacheren Genres unverkennbar

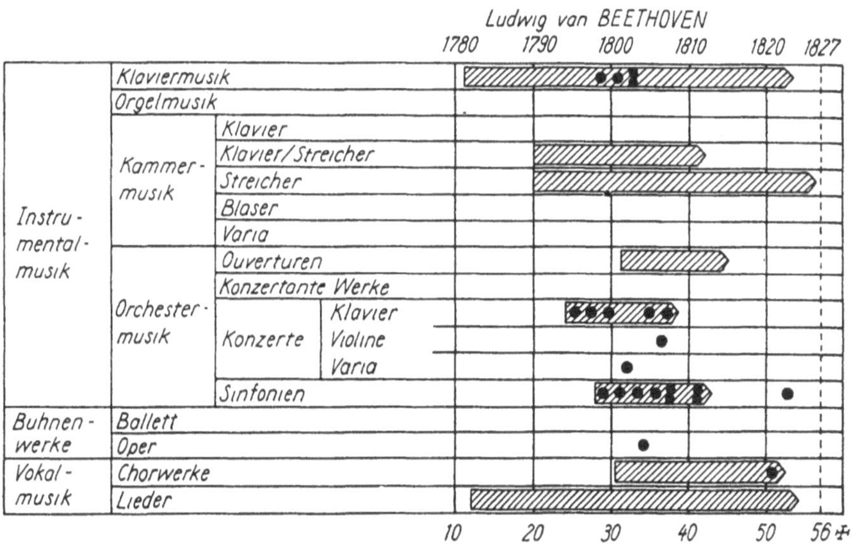

Abb. 13. Vereinfachte differenzierte Werkstatistik Ludwig VAN BEETHOVENS mit selektiven Angaben einzelner Werke (z. B. Klaviersonaten: Mondschein-S., Waldstein-S., Pathétique, Appasionata; Chorwerke: Missa solemnis)

ist. Sein Lebenswerk krönen, biographisch gesehen, nicht die Sinfonien, sondern die Streichquartette. Dieser Wandel könnte den Eindruck einer gewissen Erschlaffung erwecken. Demgegenüber steht aber die Meinung zahlreicher Musikwissenschaftler, die in diesen Spätwerken den qualitativen Höhepunkt des BEETHOVENschen Schaffens sehen.

Ein ganz anderes Bild ergibt die differenzierte Werkstatistik Anton BRUCKNERS (1824–1896). Der Meister von St. Florian beginnt zwar ebenfalls mit der Komposition von Vokalwerken, stützt sich aber als Basisinstrument auf die Orgel. Mit 40 Jahren setzt dann ein entscheidender Wandel ein, denn mit seinem Einzug in Wien hebt sein sinfonisches Schaffen an, dem er sich bis in seine letzten Jahre fast ausschließlich widmet. In seiner zweiten Lebenshälfte wird er zum Protagonisten der großen, ja fast überdimensionalen Form (Abb. 14).

Bemerkenswert ist hierzu eine Äußerung von Wilhelm FURTWÄNGLER: „Gewiß, wir kennen auch sonst Meister, die im Alter Großes geleistet haben.

Daß aber ein Künstler der eigenen schöpferischen Kraft im Alter überhaupt erst inne wird, das finden wir nur bei BRUCKNER."

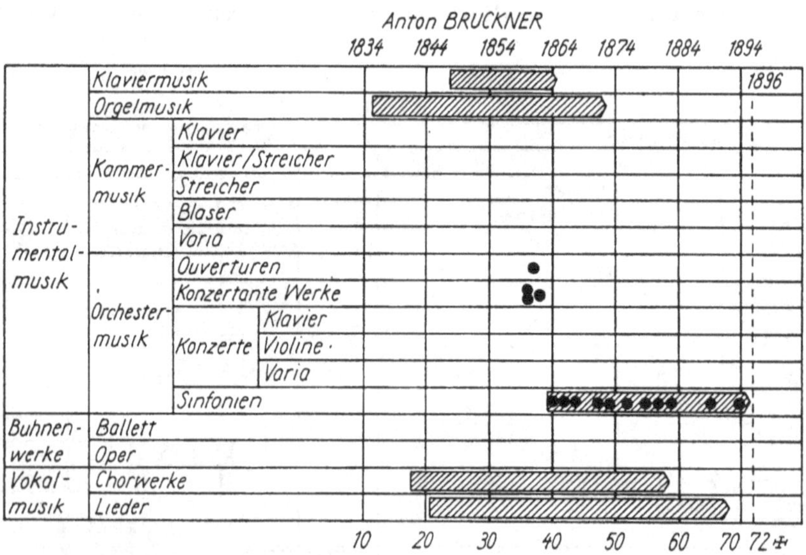

Abb. 14. Vereinfachte differenzierte Werkstatistik Anton BRUCKNERS mit selektiven Angaben einzelner Werke (zu den eingezeichneten 11 Sinfonien wurden die in f-Moll und d-Moll, die „Nullte" gezählt)

IX.

Wenden wir uns damit der altersbezogenen Kreativität von Ärzten zu. DORLAND (1907/1908) setzte den Höhepunkt der ärztlichen Leistungsfähigkeit bei 52 Jahren. Es fehlt allerdings eine Aufschlüsselung nach Tätigkeitsmerkmalen. Als berühmtes Beispiel hoher praktischer und wissenschaftlicher Schöpferkraft in den späteren Lebensjahren wird verschiedentlich Christoph Wilhelm HUFELAND (1762–1836) zitiert, der noch in seinem Todesjahr eine Anleitung zur medizinischen Praxis veröffentlicht hat. Nach einer Werkstatistik von LEHMAN (1953) müßte das allerdings eine Ausnahme sein, denn Abbildung 15 zeigt einen deutlichen Gipfel für medizinische Entdeckungen und Erfindungen um das 40. Lebensjahr.

Es wäre vermessen, aus solchen Zahlen weitgehende Schlußfolgerungen zu ziehen, da sie Art und Qualität der Werke nicht berücksichtigen. Außerdem wurden exogene Bedingungen nicht erfaßt, denen die einzelnen Wissenschaftler in ihren Fachgebieten ausgesetzt sind. Solche Faktoren kommen z. B. in einer Statistik über das Habilitationsalter an deutschsprachigen Universitäten zum Ausdruck, die Annette SCHIMMING (1971) zusammengestellt hat [37]. Die in Abbildung 16 erkennbaren Unterschiede zwischen den einzelnen Fachgebieten lassen sich ohne Zweifel mit äußeren Bedingungen erklären. Die Vertreter der sogenannten „theoretischen" Fächer erreichen die Habilitation viel eher als die „chirurgisch" orientierten, bei denen das Erlernen des „Handwerklichen" in den ersten Ausbildungsjahren naturgemäß im Vordergrund steht.

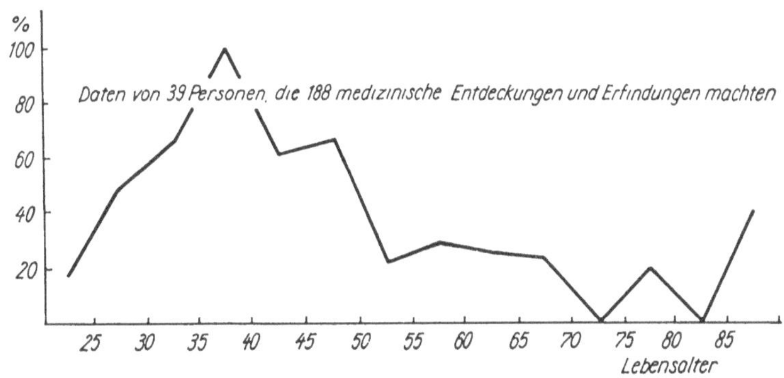

Abb. 15. Altersabhängige Statistik von Entdeckungen und Erfindungen im Bereich der Medizin [18]

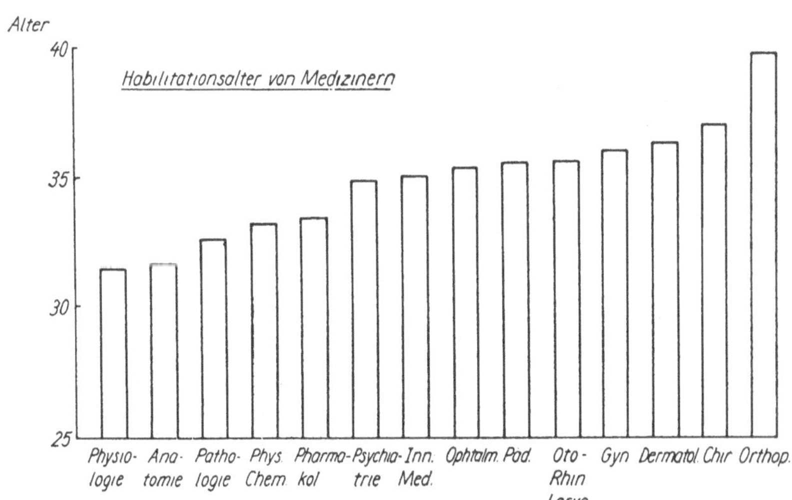

Abb. 16. Habilitationsalter von deutschsprachigen Medizinern bis zum Jahre 1964 [37]

In diesem Zusammenhang darf auch das Ansteigen des Berufungsalters für Ordinarien im deutschsprachigen Raum erwähnt werden (Abb. 17), soweit es aus dem KÜRSCHNERschen Gelehrtenkalender bis zum Jahre 1964 erkennbar war [11]. Wenn auch die gegenwärtigen Zahlen für die DDR nicht bekannt sind, so kann doch eine gegenläufige Entwicklung in den letzten Jahren angenommen werden.

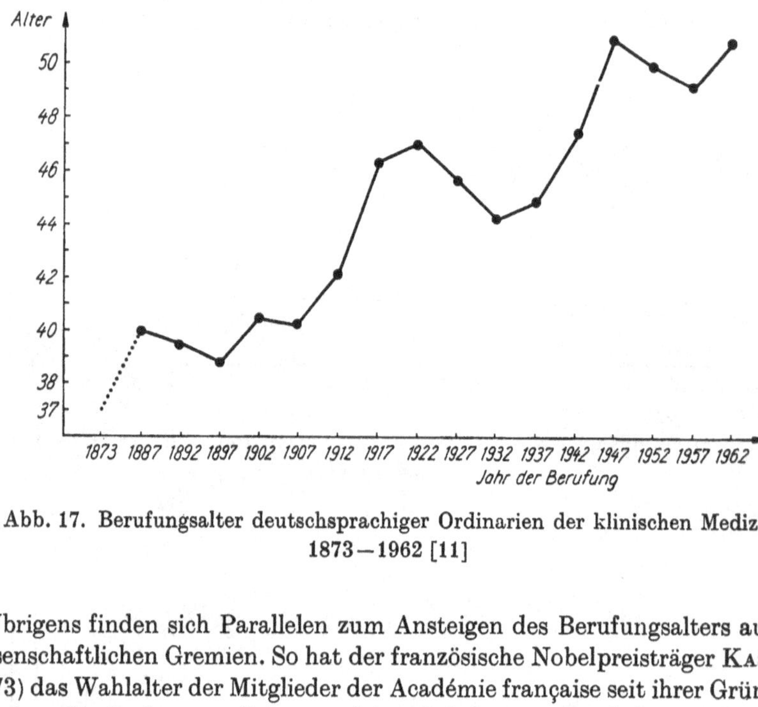

Abb. 17. Berufungsalter deutschsprachiger Ordinarien der klinischen Medizin 1873–1962 [11]

Übrigens finden sich Parallelen zum Ansteigen des Berufungsalters auch in wissenschaftlichen Gremien. So hat der französische Nobelpreisträger KASTLER (1973) das Wahlalter der Mitglieder der Académie française seit ihrer Gründung mit dem Sterbealter verglichen und ironisch festgestellt, daß im Jahre 2100 die Zuwahlen voraussichtlich nur noch postum erfolgen könnten.

Die bisherigen Überlegungen haben gezeigt, daß für das Studium einer altersabhängigen Kreativität auch bei Wissenschaftlern eine differenzierte Werkstatistik erforderlich ist. Dabei ist neben einer quantitativen Erfassung eine Differenzierung der einzelnen Werkarten im Sinne von Originalarbeiten, Lehrbüchern und Monographien anzustreben. Als reizvolles Beispiel sei abschließend das wissenschaftliche Œuvre MAX BÜRGERS betrachtet (Abb. 18).

Versucht man die ungewöhnlich breit gefächerte Kreativität des Gelehrten zu interpretieren, so zeigt sich zunächst, daß die Werke, mit denen er in wissenschaftliches Neuland vorstieß, um das 40. Lebensjahr entstanden. Hier entdeckte er eine nach ihm benannte Fettstoffwechselstörung, hier fiel ihm der

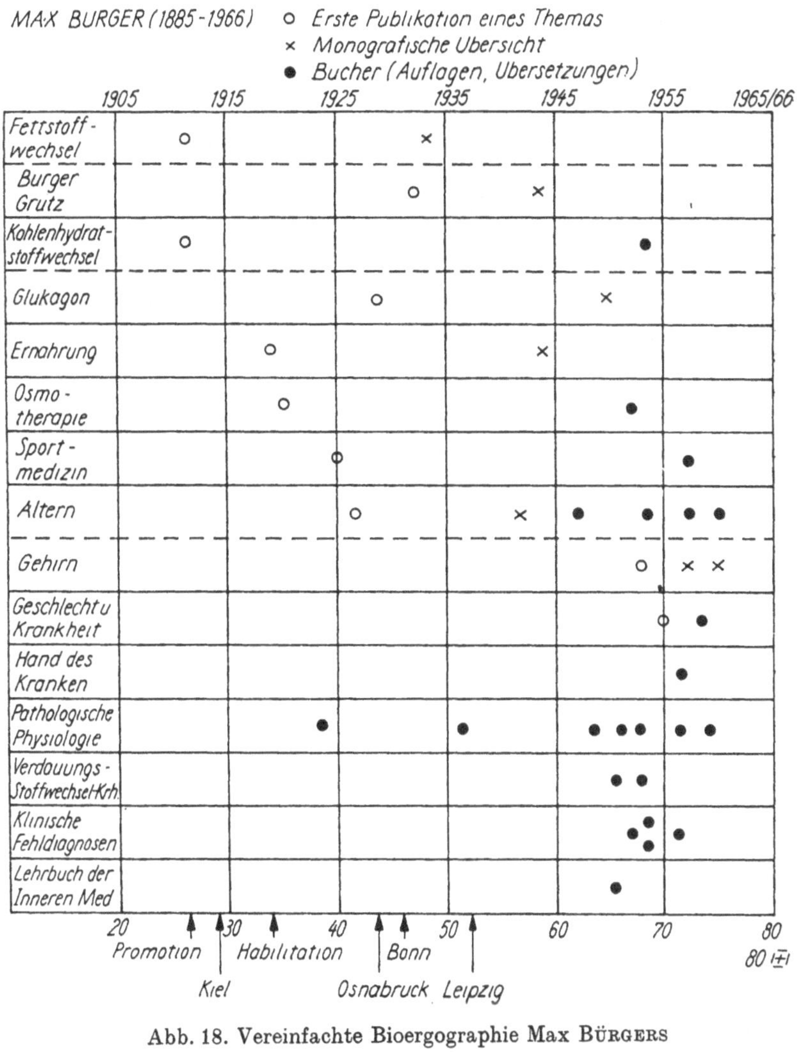

Abb. 18. Vereinfachte Bioergographie Max Bürgers

hyperglykämisierende Effekt nach Insulininjektionen auf, der zur Entdeckung des zweiten Pankreashormons Glukagon führte, hier entwickelte er die Preßdruckprobe, die seinen Namen trägt und ihn zu einem der Begründer der modernen Sportmedizin werden ließ, und in diesen Jahren schrieb er die eingangs erwähnte erste Arbeit über das Altern des Menschen. Eingehendere Analysen finden sich an anderer Stelle [32].

Ungewöhnlich erscheint die Fülle großer Werke im höchsten Lebensalter, in denen er, wie er gern sagte, die „Ernte seines Lebens in die Scheuern fuhr". Dazu waren die äußeren Umstände natürlich besonders günstig, verfügte er doch über den eingespielten Apparat und zahlreiche Mitarbeiter in einer auf Hochtouren laufenden wissenschaftlich orientierten und engagierten Klinik. Schwere gesundheitliche Rückschläge überwand er mit eiserner Energie, begünstigt durch eine ungewöhnliche Konstitution. Will man die Formen der Kreativität im Laufe seines Lebens kennzeichnen, so läßt sich zwar ein Wechsel von intuitivem Schöpfertum in den mittleren Jahren zu einer mehr integrativen Denkweise in den späteren Lebensabschnitten erkennen, aber es finden sich immer wieder bemerkenswerte Spitzenleistungen. Dazu gehören die beiden Monographien über die chemische Biomorphose des menschlichen Gehirns, die in den Jahren 1957 und 1959 in den Abhandlungen der Sächsischen Akademie der Wissenschaften erschienen und innerhalb kurzer Zeit hohe Beachtung in der internationalen Literatur fanden. Das Werk Max BÜRGERS zeigt in eindrucksvoller Weise, daß sich Form und Inhalt kreativen Schaffens im Laufe des Lebens wandeln können, ohne daß zwangsläufig von einem Nachlassen der Kräfte gesprochen werden darf. Er selbst reflektierte solche Überlegungen in einem Brief an Georg MAYER, den langjährigen Rektor der Alma mater Lipsiensis, vom 27. Juni 1957. Hier lesen wir: „Für uns ‚Emeriten' handelt es sich darum, unsere Arbeitskraft auf lohnende Probleme zu konzentrieren. Unsere Tage sind gezählt und für jeden gilt der alte Ruf ‚Carpe diem'."

Da sich der Geburtstag Max BÜRGERS am 16. November zum hundertsten Male jährt, sei es mir gestattet, diesen Vortrag dem Andenken meines Lehrers in Dankbarkeit zu widmen.

X.

Die vorgelegten Befunde führen zusammenfassend zu folgenden Erkenntnissen:

1. Das Altern im Sinne der Biomorphose Max BÜRGERS ist ein immanentes Phänomen des Lebens, das von der Konzeption bis zum Tode abläuft.
2. Die Erforschung des Alterns und seiner Erscheinungen ist Aufgabe der Querschnittsdisziplin Gerontologie, die gleichermaßen als Naturwissenschaft und als Gesellschaftswissenschaft aufzufassen ist.
3. Zur Erforschung des Alterns bieten sich unterschiedliche Methoden an, deren Möglichkeiten und Grenzen bei der Interpretation ihrer Ergebnisse zu beachten sind.
4. Das Altern des Menschen ist mehrdimensional determiniert und verläuft differentiell.

5. Jeder alte Mensch repräsentiert, geprägt von den Runen eines langen Lebens, eine unverwechselbare Individualität.
6. Die Suche nach Normalwerten für den Alternsprozeß bleibt unabdingbar, die Befunde dürfen aber im Einzelfall nicht zum Dogma erhoben werden.
7. Die somatischen, psychischen und sozialen Potentiale des Menschen altern heterochron, wie HOFECKER et al. (1981) in einer Zeichnung schematisch dargestellt haben (Abb. 19).

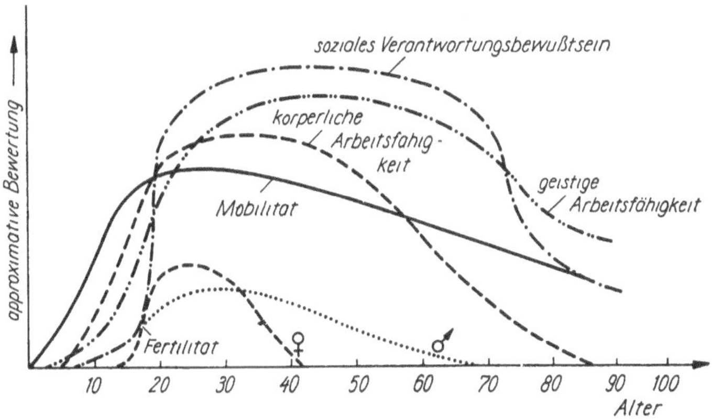

Abb. 19. Schematische Darstellung der somatischen, psychischen und sozialen Potentiale des Menschen in der Altersabhängigkeit [13]

8. Mit den Alternsveranderungen des Menschen ist prinzipiell keine defizitäre Entwicklung verbunden.
9. Rückbildungserscheinungen können durch Adaptationsmechanismen aufgefangen oder durch Funktionswandlungen ausgeglichen werden.
10. Die Kreativität des Menschen ist Alternswandlungen unterworfen, die in ihren Entwicklungslinien differentiell und individuell analysiert werden müssen.
11. Der Gerontologe muß sich als Vertreter einer Querschnittsdisziplin mit den verschiedenartigsten Wissensgebieten auseinandersetzen, will er zum Beispiel als Arzt dem Wesen seiner betagten Patienten gerecht werden. In diesem Sinne muß er sich im besonderen Maße der Universitas litterarum verpflichtet fühlen.
12. Die eingangs erwähnte sozial-demographische „Zwangslage“, bedingt durch die hohen Zahlen alter Menschen, kann nicht das Grundmotiv für die Tätigkeit des Gerontologen bilden. Er muß sich statt dessen bewußt sein, daß die Fürsorge für die älteren Bürger zu den humanitären Grundanliegen seines Berufs gehört.

Literatur

[1] ACKERKNECHT, E. H.: Zur Geschichte der Geriatrie. Schweiz. med. Wochenschr. **91** (1961), 20–22.

[2] BOCK, H.-E.: Zum 60. Geburtstag von Walter Siegenthaler. Therapiewoche **34** (1984), 2529–2538.

[3] BÜHLER, Ch.: Der menschliche Lebenslauf als psychologisches Problem. Leipzig: S. Hirzel 1933.

[4] BÜRGER, M.: Über den quantitativen Cholesterin- und Stickstoffgehalt des Knorpels in den verschiedenen Lebensaltern und seine Bedeutung in der Physiologie des Alterns. Verh. dt. Gesellsch. inn. Med. **38** (1926), 352–358.

[5] BÜRGER, M.: Altern und Krankheit. Leipzig: Thieme 1947.

[6] BÜRGER, M.: Die Lebenswandlungen des Organismus. Festvortrag anläßlich des internationalen Fortbildungskurses für praktische Medizin. Merano/Italien, August 1956. Ärztl. Fortbild. 1956, 409–415.

[7] ČEBOTAREV, D. F.; MINČ, A.: Die Wege der Abgrenzung des Normalen gegen das Pathologische bei älteren und alten Menschen (Longitudinal- und Querschnittsuntersuchungen). In: Handbuch der Gerontologie. Bd. 1. Hrsg. von Čebotarev, D. F., G. Brüschke, U. J. Schmidt und F. H. Schulz. Jena: VEB Gustav Fischer 1978.

[8] DAWBER, T. R.: Prädisponierende Faktoren der Koronarerkrankung. In: Pathogenetische Faktoren des Myokardinfarktes. Hrsg. von Schettler, G. Stuttgart–New York, Schattauer 1969.

[9] DORLAND, W. A. N.: Century Month. Mag. **72** (1907/1908), 934.

[10] FROLKIS, W. W.: Mechanismen des Alterns. Berlin: Akademie-Verlag 1975.

[11] HEBENSTREIT, A.: Untersuchungen zum Thema: „Geistiges Höchstleistungsalter" an Hand des durchschnittlichen Berufungsalters von Ordinarien der klinischen Medizin. Med. Diss., Leipzig 1968.

[12] HERRE, P.: Schöpferisches Alter. 2. Aufl. Leipzig: v. Hase u. Koehler 1943.

[13] HOFECKER, G.; SKALICKY, M.; KMENT, A.; NIEDERMÜLLER, H.: Probleme der Messung des biologischen Alters. akt. gerontol. **11** (1981), 8–11.

[14] KAPLAN, O.: Mental disorders in later life. Stanford Univ. Press., 1945.

[15] KASTLER, A.: C. R. Acad. Sc. Paris, **276** (1973), 65–66.

[16] Kürschners Deutscher Gelehrtenkalender. 9. Aufl. Berlin–Leipzig: de Gruyter 1964.

[17] LASCHITZA, A.: Zur Biographie als Genre in der Geschichtswissenschaft der DDR über die Geschichte der Partei und der Arbeiterbewegung. Beitr. Gesch. Arbeiterbewegung **216** (1979), 323–341.

[18] LEHMAN, M. C.: Age and achievment. Princeton Univ. Press., Princeton 1953.

[19] LEHR, U.: Psychologie des Alterns. 4. Aufl. Heidelberg: Quelle u. Meyer 1979.

[20] LEHR, U.: Die Bedeutung der Lebenslaufpsychologie für die Gerontologie. akt. gerontol. **10** (1980), 257–269.

[21] LINZBACH, A. J.: Das Altern des menschlichen Herzens. In: Altern. Hdb. allg. Path. VI/4. Teil. Hrsg. von Holle, G. Berlin–Heidelberg–New York: Springer 1972.

[22] LOESER, F.; SCHULZE, D.: Erkenntnistheoretische Fragen einer Kreativitätslogik. Berlin 1968.

[23] LÖWE, H.; LEHR, U.; BIRREN, J. (Hrsg.): Psychologische Probleme des Erwachsenenalters. Bern – Stuttgart – Wien: Huber 1983.

[24] LUTHER, T.; SCHLEUSING, G.: Das kardiopulmonale Leistungsvermögen im Altersablauf. 2. Kongr. Gesellsch. Alternsforsch. DDR, Leipzig 1969.

[25] MÜHLBERG, H.; MÜHLBERG, G.; KÖHLER, H.; RIES, W.; VAHLE, H.: Vorläufige Ergebnisse einer Blutdruckreihenuntersuchung im Rahmen des Röntgenkatasters in Leipzig 1966. Tagung Gesellsch. Kardiol. Angiol. DDR, Rostock 1968.

[26] NASCHER, I. L.: Geriatrics. New York Med. Journ. **90** (1909), 358.

[27] RIES, W.: Fettsucht. Leipzig: Barth 1970.

[28] RIES, W.: Kreativität und Alter in Kunst und Wissenschaft. akt. gerontol. **10** (1980), 95 – 103.

[29] RIES, W.: Risikofaktoren des Alterns aus klinischer Sicht. Sitzungsberichte der Sächsischen Akademie der Wissenschaften zu Leipzig. Math.-naturwiss. Klasse **114**, H. 2, S. 19. Berlin: Akademie-Verlag 1980.

[30] RIES, W.: Studien zum biologischen Alter. Sitzungsberichte der Sächsischen Akademie der Wissenschaften zu Leipzig. Math.-naturwiss. Klasse **116**, H. 1, 275. Berlin: Akademie-Verlag 1982.

[31] RIES, W. (Hrsg.): Longitudinaluntersuchungen internistischer und röntgenologischer Parameter unter besonderer Berücksichtigung des Körpergewichtes (Leipziger Studie 1968 – 1980). Gerontologie heute. Berlin 1985.

[32] RIES, W.: Max Bürger, Internist, Pathophysiologe und Alternsforscher. Neue Folge „Sudhoffs Klassiker der Medizin". Leipzig: Barth 1985.

[33] RUDINGER, G.: Intelligenzentwicklungen unter unterschiedlichen sozialen Bedingungen. In: Psychologische Probleme des Erwachsenenalters. Hrsg. von Löwe, H., U. Lehr u. J. E. Birren. Bern – Stuttgart – Wien: Huber 1983.

[34] RYBNIKOW, N. A.: Das Problem der Psychologie des Alterns (russisch). Zhurnal Psikhologii i. Psikhotekniki **2** (1929), 16 – 32.

[35] SCHAIE, K.: Intelligenzwandel im Erwachsenenalter. Z. Gerontol. **13** (1980), 681 – 684.

[36] SCHAIE, K. W.; STROTHEV, C. R.: A cross-sequential study of age changes in cognitive behaviour. Psychological Bulletin **70** (1968), 671 – 680.

[37] SCHIMMING, A.: Beitrag zur geistigen Leistungsfähigkeit. Med. Diss. A, Leipzig 1971.

[38] SCHLESINGER, H.: Die Krankheiten des höheren Lebensalters. Bd. 1/2. Wien – Leipzig: Hölder 1914/15.

[39] SCHWALBE, J.: Lehrbuch der Greisenkrankheiten. Stuttgart: Enke 1909.

[40] SEEGER, H.: Musiklexikon A – Z. Leipzig: VEB Deutscher Verlag für Musik 1966.

[41] SHOCK, N. W.: A classified bibliography of Gerontology and Geriatrics. Suppl. I 1949 – 1955. Stanford Univ. Press. 1957. Suppl. II 1956 – 1961. Stanford Univ. Press 1963.

[42] Statistisches Jahrbuch 1984 der Deutschen Demokratischen Republik. Berlin: Staatsverlag der DDR 1984.

[43] STREHLER, B. L.: Time, cells and aging. New York – London: Acad. Press. 1962.

[44] SWANSON, P.; LEVERTON, R.; GRAM, M. R., ROBERTS, H.; PESEK, I.: Blood values of women; cholesterol. J. Gerontol. **10** (1955), 41–47.

[45] THOMAE, H.: Psychologische Probleme des Alterns. Internist **19** (1978), 421–426.

[46] THOMAE, H.: Psychologische Probleme im Kontext einer interdisziplinären Gerontologie. akt. gerontol. **9** (1979), 437–449.

[47] THOMAE, H.; LEHR, U.: Eine Botschaft der Internationalen Assoziation für Gerontologie an die UN-Weltkonferenz über Probleme des Alterns. Z. Gerontol. **15** (1982), 132–137.

Anschrift des Verfassers: OMR Prof. Dr. sc. med. Werner RIES,
Leiter der Gerontologischen Abteilung
Medizinische Klinik der Karl-Marx-Universität, 7010 Leipzig, Johannisallee 32

Anhang

Biographische Daten Max Bürgers

* 16. November 1885 in Hamburg
1904 Abitur in Hamburg
1910 Promotion in Würzburg
1918 Habilitation in Kiel
1922 a. o. Professor in Kiel
1929 Direktor des Städtischen Krankenhauses Osnabrück
1931 Direktor der Medizinischen Universitätspoliklinik Bonn
1937 Direktor der Medizinischen Universitätsklinik Leipzig
1950 Ordentliches Mitglied der Sächsischen Akademie der Wissenschaften zu Leipzig
1951 Mitglied der Deutschen Akademie der Naturforscher Leopoldina
1952 Nationalpreis der Deutschen Demokratischen Republik
1955 Ordentliches Mitglied der Akademie der Wissenschaften der DDR
1955 Ehrendoktor der Medizinischen Fakultäten Hamburg und Bonn sowie der Mathematisch-Naturwissenschaftlichen Fakultät Leipzig
1956 Paracelsus-Medaille der Deutschen Ärzteschaft (BRD)
1957 Emeritierung
1960 Hervorragender Wissenschaftler des Volkes
1961 Cothenius-Medaille der Deutschen Akademie der Naturforscher Leopoldina
† 5. Februar 1966 in Leipzig

Band 115

Heft 1 Prof. Dr. rer. nat. HERMANN BERG, Wilhelm Ostwald – Erkenntnisse über die Biosphäre
1981. 36 Seiten – 7 Abbildungen – 3 Tabellen – 8° – M 6,–

Heft 2 Prof. Dr. sc. KLAUS DÖRTER, Aphorismen zur Qualität des Bewässerungswassers
1981. 31 Seiten – 11 Abbildungen – 11 Tabellen – 8° – M 6,–

Heft 3 Prof. Dr. Ing. Dr. h. c. PAUL GÖRLICH, Die geschichtliche Entwicklung des wissenschaftlichen Gerätebaus und seine zukünftige Bedeutung 1981. 36 Seiten – 8° – M 6,–

Heft 4 Prof. Dr. WOLFGANG BUCHHEIM, Albert Einstein als Wegbereiter nachklassischer Physik
1981. 29 Seiten – 8° – M 4,–

Heft 5 Prof. Dr.-Ing. HERBERT KRUG, Die Technologie der Brikettierung von Weichbraunkohle im Lichte der Verfahrenstechnik und der besseren Nutzung dieses Energieträgers
1982. 20 Seiten – 13 Abbildungen – 8° – M 3,–

Heft 6 Prof. Dr. ERNST NEEF, Der Verlust der Anschaulichkeit in der Geographie und das Problem der Kulturlandschaft 1981. 34 Seiten – 8° – M 5,–

Band 116

Heft 1 Prof. Dr. WERNER RIES, Studium zum biologischen Alter
1982. 27 Seiten – 10 Abbildungen – 8° – M 4,–

Heft 2 Prof. Dr. RUDOLF SACHSENWEGER, Augenunabhängige optosensorische Wahrnehmungsformen
1983. 19 Seiten – 8° – M 4,–

Heft 3 Prof. Dr. HANS-GEORG SCHÖPF, Die Griechen und die Natur 1983. 62 Seiten – 8° – M 8,–

Heft 4 Prof. Dr. Ing. JAN BENETIN, Mathematisches Modell für das Wachstum von landwirtschaftlichen Kulturen und seine Verwertung in der quantitativen Beurteilung des Bewässerungseffektes auf die Steigerung der Ernteerträge 1983. 36 Seiten – 18 Abbildungen – 3 Tabellen – 8° – M 6,–

Heft 5 Prof. Dr. HANS DRISCHEL †, Neues über die Pupille
1983. 30 Seiten – 26 Abbildungen – 8° – M 4,–

Heft 6 Prof. Dr. BENNO PARTHIER, Der Beitrag der Molekularbiologie zur Evolutionserkenntnis
1983. 41 Seiten – 19 Abbildungen – 2 Tabellen – 8° – M 6,–

Heft 7 Prof. Dr. ADOLF WATZNAUER, Die Rolle des Radons (Isotop ^{222}Rn) als Umweltfaktor – eine Übersicht
1983, 34 Seiten – 3 Abbildungen – 4 Tabellen – 8° – M 5,–

Band 117

Heft 1 Prof. Dr. sc. KLAUS DÖRTER, Einige Aspekte zum landeskulturellen Nutzen des Meliorationswesens
1984. 31 Seiten – 10 Abbildungen – 11 Tabellen – 8° – M 8,–

Heft 2 Prof. Dr. HERBERT BECKERT, Nichtlineare Elastizitätstheorie 1984. 58 Seiten – 8° – M 8,–

Heft 3 Prof. Dr. HERBERT JORDAN, Zur funktionellen Normalität des Menschen
1984. 29 Seiten – 15 Abbildungen – 1 Tabelle – 8° – M 4,–

Heft 4 Dr. ARND BERNHARDT, Beiträge zum Problemkreis des Landschaftswandels
1985. 101 Seiten – 3 Abbildungen – 5 Tabellen – 8° – M 14,–

Heft 5 Prof. Dr. OTT-HEINRICH KELLER, Das Zählen als angeborene Verhaltensweise
1984. 36 Seiten – 11 Abbildungen – 8° – M 6,–

Heft 6 Prof. Dr. WOLFGANG BUCHHEIM, Komplementarität nach Niels Bohr – Physikgeschichtliche Episode oder universale Kategorie von Ergänzung? 1984. 30 Seiten – 3 Tabellen – 8° – M 4,–

Heft 7 Prof. Dr. BENNO PARTHIER, Gene, Gentechnik, Genmanipulation
1984. 28 Seiten – 7 Abbildungen – 8° – M 4,–

Band 118

Heft 1 Prof. Dr. HANS JÜRGEN RÖSLER, Geowissenschaften und Geochemie
1985. 24 Seiten – 11 Abbildungen – 8° – M 4,–

Heft 2 Prof. Dr. HERBERT BECKERT, Axiomatik – Mathematik und Erfahrung
1985. 20 Seiten – 8° – M 3,–

Heft 3 Prof. Dr. HERMANN BERG, Zellfusion, Transformation und Pharmakainkorporation durch Elektrostimulation 1985. 27 Seiten – 15 Abbildungen – 8° – M 4,–

Heft 4 Prof. Dr. N. JOACHIM LEHMANN, Die analytische Maschine. Grundlagen einer Computer-Analytik
1985. 64 Seiten – 5 Abbildungen – 8° – M 8,–

Heft 5 Prof. Dr. DIETRICH UHLMANN, Die anthropogene Eutrophierung der Gewässer – ein umkehrbarer Prozeß? 1985. 32 Seiten – 16 Abbildungen – 8° – M 4,–

Heft 6 Prof. Dr. Dr. FRIEDRICH WOLF/Dr. MAGDALENA WEISE, Der Sirotherm-Prozeß – Ein Verfahren zur rationellen Wasserentsalzung 1986. 31 Seiten – 12 Abbildungen – 7 Tabellen – 8° – M 4,–

Heft 7 Dr. sc. RUTH ZWICKER / Dr. sc. HERBERT PÜHRER / GERHARDT PLÖTNER / Prof. Dr. med. HERBERT JORDAN / Prof. Dr. WOLFGANG BUCHHEIM, Modellversuche zum Fervoreffekt nach V. VOUK unter biophysikalischen Gesichtspunkten 1986. 52 Seiten – 14 Abbildungen – 11 Tabellen – 8° – M 4,–

Band 119

Heft 1 Prof. Dr. med. WERNER RIES, Methoden und Erkentnisse der Alternsforschung *Vorliegendes Heft*

Heft 2 Prof. Dr. HEINZ PENZLIN, Die Erscheinung des Lebendigen in unserer Welt *In Vorbereitung*

Heft 3 Prof. Dr. HANS-HEINZ EMONS, Dr. sc. phil. Dr. rer. nat. HANS-HENNING WALTER, Historische Entwicklung und zukünftige Tendenzen der Siedesalz-Produktion unter besonderer Berücksichtigung der ehemaligen Salinen im sächsisch-thüringischen Raum
1986. 31 Seiten – 12 Abbildungen – 7 Tabellen – 8° – M 4,–

Heft 4 Prof. Dr. HERBERT JORDAN, „Basimetry“: Ansätze einer chronotherapeutischen Urteilsbildung *In Vorbereitung*

Heft 5 Dr. sc. HARALD HILBIG, Existenzsätze für einige Totwasserprobleme der Hydrodynamik *In Vorbereitung*

Einzel- oder Fortsetzungsbestellungen durch eine Buchhandlung erbeten

Sitzungsberichte bis Band 108
durch das Zentralantiquariat der Deutschen Demokratischen Republik, Leipzig,
ab Band 109 durch die Universitätsbuchhandlung, 7010 Leipzig, zum Teil noch lieferbar

AKADEMIE-VERLAG

DDR-1086 Berlin, Leipziger Straße 3–4

ISBN 3-05-500095-1
ISSN 0371-327X

FSC
www.fsc.org
MIX
Papier | Fördert
gute Waldnutzung
FSC® C083411

Zeitfracht Medien GmbH
Ferdinand-Jühlke-Straße 7
99095 Erfurt, Deutschland
produktsicherheit@kolibri360.de